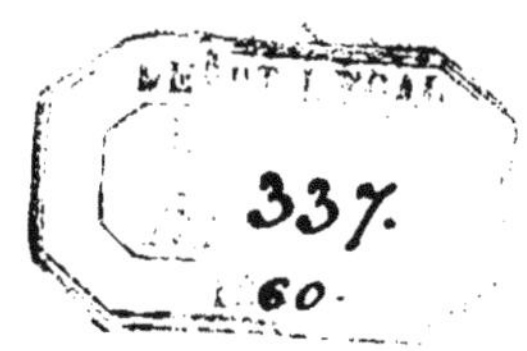

DE LA MÉTHODE
ET
DE L'ESPÈCE
EN HISTOIRE NATURELLE

Travail présenté

A L'ACADÉMIE DES SCIENCES ET LETTRES DE MONTPELLIER, LE 4 JUIN 1860

PAR MM.

Émile BERTIN
Docteur en Médecine
Ancien Interne des hôpitaux de Nîmes, Membre de la Société de Médecine et de Chirurgie Pratiques de Montpellier, etc

Paul CAZALIS DE FONDOUCE
Ingénieur
Ancien Élève de l'École centrale des Arts et Manufactures
Membre de la Société Géologique de France etc

PARIS
VICTOR MASSON, PLACE DE L'ÉCOLE DE MÉDECINE

1860

MONTPELLIER, BOEHM & FILS, IMPRIMEURS
Place de l'Observatoire.

DE

LA MÉTHODE ET DE L'ESPÈCE

EN HISTOIRE NATURELLE

INTRODUCTION

> En saine philosophie, une loi n'admet pas d'exception; loin de confirmer la règle, elle la détruit.
>
> CUVIER; *Histoire du progrès des sciences naturelles.* — Analyse de 1830.

On a souvent dit, et c'est encore l'opinion de plusieurs, que la Méthode est la base de la science. C'est là une grave erreur. La méthode est en dehors de la science et n'en fait pas partie; c'est un des nombreux outils qui servent à la construire, mais qui, une fois la construction achevée, peuvent disparaître. Nous ne saurions mieux la comparer qu'à la charpente qui a servi d'appui à une voûte pendant sa construction, et qui, une fois celle-ci terminée, peut et doit même être enlevée pour que l'édifice reste seul. De même, lorsqu'on pourra supposer la science achevée, la méthode deviendra un instrument inutile et aura fait son temps. — Mais la science sera-t-elle jamais achevée?

La méthode sert donc à créer la science; elle la précède et doit exister avant elle; voilà pourquoi on peut en raisonner *à priori*; pourquoi, en abordant l'étude d'une science, on a le droit et même l'obligation d'examiner et de peser sa méthode; pourquoi, en abordant celle de l'histoire naturelle, les auteurs de ce travail ont pu se demander si la méthode des naturalistes était en tous points logique, et si ses principes étaient constamment observés?

L'induction basée sur l'observation directe, telle est à peu près dans tous les cas et en se plaçant au point de vue le plus élevé, la méthode qu'on suit et que l'on doit suivre en histoire naturelle. Si, dans certains cas, la déduction doit trouver sa place, ce ne sera que comme un aide dans les faits généraux, et, pour les faits particuliers, qu'après la création par le premier moyen des lois générales.

L'induction basée sur l'observation porte le nom de généralisation, et la généralisation, en histoire naturelle, conduit à la classification des êtres.

Nous ne nous étendrons pas ici sur l'utilité de ces classifications, mais nous ferons observer, et ce sera le sujet de notre premier chapitre, qu'il y a un certain vague dans la distinction que font les naturalistes des classifications en artificielles et naturelles. Nous tâcherons également de montrer que ce vague ne peut disparaître qu'à la condition d'admettre une troisième sorte de classification. Nous serons ainsi amenés à la question de l'espèce, qui est, d'après nous, la base d'une classification d'un caractère à part.

Nous montrerons à cet égard ce que pensent et ce qu'ont pensé les naturalistes, les principes vicieux qui les ont trompés, les conséquences fausses auxquelles ils sont arrivés, et les divergences d'opinions si considérables qui en ont été la suite. Nous montrerons que l'espèce, telle qu'on est arrivé à la concevoir, n'est plus qu'un groupe inférieur au genre, comme celui-ci l'est à la famille, la famille à l'ordre et l'ordre à la classe; tandis qu'elle devrait être quelque chose de différent, une classification complète à elle seule. L'espèce, pour être cela, devra donc être définie d'une certaine manière, et elle n'est réellement qu'à la condition de la définir ainsi; en dehors, elle n'est plus.

Enfin, nous acquerrons le droit de conclure en démontrant, dans un troisième chapitre, l'existence de l'espèce ainsi comprise.

Après avoir rédigé ces lignes si grosses de promesses, nous serions effrayés si nous n'avions à nous retrancher que derrière notre propre autorité et nos faibles lumières. Heureusement il n'en est point ainsi. Ce n'est point une méthode nouvelle que nous venons proposer, ce ne sont point des théories nouvelles que nous venons émettre. Nous demandons seulement que l'on revienne au point de départ, pour reprendre le chemin tracé par les maîtres de la science, et c'est derrière l'autorité de leurs noms respectés, que nous voulons nous mettre à l'abri.

I

DES CLASSIFICATIONS

CHAPITRE PREMIER

Ce qu'on entend par classification artificielle et classification naturelle.
Classification naturelle proprement dite.

Lorsqu'un ensemble d'objets se présente à nos regards avec quelques analogies d'origine, de forme, d'aspect ou de toute autre nature, notre premier soin, soin presque instinctif, est, si nous voulons en conserver le souvenir, de les classer, de les grouper suivant ces analogies. Bien plus, si ces analogies de forme, qui sautent aux yeux, manquent à ces objets, nous chercherons dans l'essence même de ceux-ci, dans leur utilité, dans leur emploi, des analogies moins apparentes, mais souvent plus certaines que les premières. Ces groupes, nous les réunirons encore, si nous pouvons, de façon à arriver à un type unique ou à plusieurs types différant essentiellement entre eux.

Le besoin de classer les objets qui se présentent devant nous est donc inné dans notre esprit, et ne se fait jamais sentir avec plus de force, que pour l'étude des sciences naturelles. Que d'êtres différents et dissemblables, et que la tâche du naturaliste serait difficile, s'il devait porter son investigation sur chacun en particulier ! Mais combien, au contraire, cette tâche sera simplifiée si, par des groupements habilement combinés, le travail fait sur un seul peut s'étendre à plusieurs. C'est là le premier problème qui s'est présenté dans l'étude de ces sciences. Il en est résulté des tentatives de classification basées sur les caractères les plus apparents, les plus saisissants, et ce n'est qu'à la longue qu'on est venu à considérer les caractères intimes et vraiment importants des êtres à classer.

Mais la difficulté était de combiner ces caractères entre eux, de façon à baser la classification sur leur ensemble ou sur ceux qui les résumaient tous. Aussi, pendant longtemps les naturalistes, sentant la difficulté de cette tâche et n'osant l'aborder, se sont-ils bornés à choisir aussi sagement que possible celui qui leur paraissait avoir le plus d'importance; puis, le décorant du nom de caractère fondamental, ils en faisaient la base de leur système et bâtissaient dessus leur classification. Il en est résulté que, durant cette période, il y a eu, en histoire naturelle, autant de classifications que de naturalistes.

On conçoit tout le vice de pareils systèmes. De quel droit choisir arbitrairement ce caractère fondamental? Peut-il être seul et indépendamment des autres?

De pareilles classifications sont arbitraires ou artificielles, et c'est ce dernier nom qui leur fut donné. Quelques naturalistes, à la suite de Michel Adanson, le comprirent parfaitement et firent faire un pas à la science, en tenant compte de tout et classant ensemble les êtres qui avaient le plus grand nombre de points de contact. Mais, encore ici, la classification est artificielle ou arbitraire; car si le naturaliste n'a pas le droit de choisir les caractères, il n'a pas non plus celui de leur donner à tous la même importance.

Pourtant, cette idée était juste et ne demandait qu'une modification. Cette modification, introduite dans les sciences naturelles par A.-L. de Jussieu et G. Cuvier, se formule par l'adage suivant, qui doit toujours régir le choix des caractères: « *non numerandi sed ponendi.* » Ainsi, à l'avenir, on tiendra bien compte de tous; mais on n'en tiendra pas compte au même degré. Ceux qui seront choisis le seront, non arbitrairement, mais d'après une importance réelle, qui sera d'entraîner fatalement après eux un plus grand nombre de caractères communs.

Cette nouvelle méthode, bien différente de la première, puisqu'elle tient compte à la fois de tous les caractères et de leur valeur respective, reçut le nom de méthode naturelle, et c'est celle qui est aujourd'hui partout en vigueur.

Il nous a pourtant paru que, tout en restant dans les principes de la méthode naturelle, on en était, par des déviations insensibles, arrivé, dans la pratique, à une sorte de méthode mixte que nous pourrions qualifier de méthode naturelle artificielle.

Mais il y a plus. Au-dessus de cette dernière méthode, qu'on appelle aujourd'hui naturelle, il y a une méthode plus naturelle encore, à l'application de laquelle nous croyons que devraient tendre tous les efforts des naturalistes. Nous appellerons celle-ci, pour la distinguer, méthode naturelle proprement dite.

Est-ce à dire qu'entre la méthode naturelle actuelle et la méthode artificielle, nous n'admettons pas une différence réelle? Personne ne le supposera. La différence existe, elle est évidente pour tous, elle est même immense; car elle se trouve et dans l'idée et dans l'importance.

Elle se trouve dans l'idée. La dernière, en effet, ne peut servir que de guide mécanique pour retrouver son chemin dans le dédale des êtres; c'est un système de casiers, une façon de dictionnaire, rien de plus. La première, au contraire, est à celle-ci ce que la philosophie est au fait brutal; elle va au-dedans des êtres, et cherche le fait important de la vie, de l'organisation; elle explique des ressemblances qui sont réelles; elle cherche à tenir compte de la parenté des êtres. Pour cela, elle se base, non sur un seul organe arbitraire, — ce qui permet aux autres de varier assez pour nier le lien de parenté que le premier affirme, en sorte qu'il n'y ait rien de certain, — mais sur l'ensemble des organes et, plus que cela, sur leur valeur, tenant compte surtout de ceux dont la ressemblance entraîne celle des autres. La différence est donc complète dans la théorie, mais elle est loin de l'être dans la pratique. Toutefois, il est de fait que la différence est réelle, même dans la pratique.

La classification naturelle diffère encore de l'autre par son importance, puisque, avec les rapprochements authentiques qu'elle constate et qu'elle établit, les lois générales se vérifient.

Mais est-ce à dire pour cela qu'elle soit vraiment naturelle?

La différence pourrait être encore plus grande, plus essentielle, plus importante, sans que cette qualification lui fût pourtant applicable. Le mot de naturelle exprime une idée absolue. Il signifie que l'ordre adopté est avoué par la nature, qu'il entre dans son plan primitif, et que si nous pouvions aujourd'hui sonder la pensée de la force créatrice et y découvrir ce qui la guida autrefois, nous le retrouverions dans ses projets.

La classification aujourd'hui admise comme naturelle ne rentre pas pleinement dans cette définition, et la prétention de l'y rattacher n'est fondée que sur une pure hypothèse. Hypothèse probable, nous l'avouons, mais hypothèse enfin, et à ce titre devant être retenue dans la limite de ses droits, ne devant être admise qu'avec toutes réserves, et ne pouvant par suite se présenter au même rang que le fait réel.

La création s'offre à nous avec ses êtres innombrables; nous classons ceux-ci d'après les caractères à nos yeux les plus importants; dans ces groupes, nous taillons de façon à en former de nouveaux. Quelle que soit l'importance des caractères choisis ainsi *à priori*, peut-on conclure avoir fait une classification naturelle? De ce que, par la comparaison des êtres existants et des ressemblances ou différences qu'ils offrent, on peut arriver à former des groupes de plus en plus généraux et tous représentés par des types, peut-on conclure que ces types ont préexisté dans les desseins de la force créatrice? Car, d'après ce que nous avons dit précédemment, cette conclusion est nécessaire pour que la classification ainsi faite soit naturelle.

Il faut avouer que cette prétention peut surprendre et paraître peu logique. Autant vaudrait conclure de ce qu'une maison s'est écroulée, que l'architecte la fit à cette seule fin. Nierons-nous qu'elle n'ait pourtant quelque vérité? Certes non; seulement nous pensons qu'elle doit rester au simple rang d'une hypothèse, et que, quelque vrais que soient les rapprochements, quelque complète que soit la comparaison des êtres classés, on ne saurait d'une hypothèse, pour si favorable qu'elle soit, faire une réalité.

Pour mieux saisir le vice du raisonnement que nous voulons attaquer, portons-le dans un ordre d'idées plus voisin de ce qui nous touche, et par un exemple éprouvons-en la rigueur.

Un homme jette, par la fenêtre de sa maison, une vitre qui tombe sur le pavé et se brise. Un enfant passe par là, ramasse les morceaux et les examine. Il s'aperçoit que, dans cette quantité de fragments, il y en a d'abord quatre ou cinq de très-grands et triangulaires, il les met ensemble; dans les plus petits, il en trouve un grand nombre qui ont quatre angles, il les met encore ensemble; ainsi de ceux qui en ont cinq, six, etc.

Ici, la forme et la grandeur sont les seuls termes de comparaison; il aurait pu y en avoir d'autres, et l'enfant les aurait observés dans son travail. Il a donc tenu compte de tous les caractères suivant l'importance de chacun; sa classification est donc aussi naturelle que possible. Or, il a fait ici ce que fait le naturaliste qui, jugeant l'importance du caractère squelettique, range ensemble tous les animaux qui ont des vertèbres. Si donc celui-ci est en droit de conclure que la nature s'est posé en modèle le type des vertébrés, l'enfant est aussi bien autorisé à conclure que le casseur de verre s'était posé en modèle un triangle, un carré, un hexagone, etc. Or, qu'en est-il? absolument rien. Conclusion non pas fausse, mais faussement tirée des deux côtés.

Dans l'un et l'autre cas, la classification adoptée donne une copie réelle et exacte de ce qui est, et dans ce sens est naturelle, mais non dans le sens complet du mot; car nous ignorons si c'est là l'idée qui a dirigé les auteurs. Dans le cas du casseur de verre, nous sommes certains du contraire, et pour l'autre nous ne sommes pas autorisés à conclure.

Mais, nous dira-t-on, comment connaître cette pensée intime, ce but avoué de la nature? Si vous n'arrivez pas à cette connaissance, la distinction que vous venez de faire est nulle, parce qu'elle est inutile; et il n'y a de possible qu'une seule classification naturelle, celle qui est.

Nous serions embarrassés s'il fallait répondre directement à cette observation; mais n'y aurons-nous pas victorieusement répondu, si nous montrons que cette idée et ce but primitifs deviennent évidents dans la formation d'un groupe, et d'une seule sorte de groupe? Si nous le démontrons et si nous pouvons déterminer ce groupement, nous aurons là la base de la classification vraiment naturelle.

Or, l'espèce fondée sur le seul caractère de la génération est pour nous le terme de cette classification naturelle, ainsi que nous le ferons voir dans notre troisième chapitre, après avoir, dans le deuxième, réfuté la théorie actuelle de ce groupe.

II

DE L'ESPÈCE

CHAPITRE II

L'espèce [illegible] n'existe qu'à la condition d'être définie, d'une manière absolue: **l'ensemble des êtres qui se perpétuent par la génération.**

Les considérations qui précèdent nous amènent à rechercher quelle a été jusqu'ici et quelle nous paraît devoir être la signification du terme *espèce*.

Constatons avant tout, ce que personne ne contestera, et surtout blâmons énergiquement le sans-façon avec lequel tous les naturalistes classiques abordent et enlèvent cette difficulté. Dire que l'espèce est ce qu'il y a de plus difficile à définir avec rigueur ; se contenter de quelques explications hautement avouées superficielles et insuffisantes, et consoler le lecteur peu satisfait, en lui donnant à entendre qu'il n'y a rien d'absolu et que l'exception confirme la règle, est une introduction aujourd'hui passée en lieu commun, dont nous ne sommes disposés à admettre ni la forme ni les conséquences.

D'abord, parce que la méthode d'une science est difficile à poser, il ne s'ensuit pas qu'il faille sauter à pieds joints sur les difficultés qu'elle soulève, et s'avancer sans elle pour guide dans le labyrinthe des faits ; et puis, nous n'admettons pas qu'une règle puisse ne rien avoir d'absolu, ni que l'exception la confirme, comme le dit un proverbe dont nous n'avons jamais pu comprendre la portée dans une discussion scientifique.

Ainsi, d'une manière générale, on a trop peu insisté sur l'idée mal définie de l'espèce, tout en reconnaissant l'insuffisance de sa définition. Mais, laissant de côté ce qu'on aurait dû faire, occupons-nous de ce qu'on a fait et voyons quelle a été et quelle est aujourd'hui sur ce sujet l'opinion des naturalistes.

A un point de vue général, l'espèce, pour la plupart des auteurs, a toujours entraîné avec elle une idée particulière d'analogie spéciale, de parenté fondée sur la possibilité d'une génération commune, qui en a fait une division plus importante et plus caractérisée que les autres.

Pour Buffon et Cuvier, l'espèce était : ***l'ensemble des animaux qui se ressemblent plus entre eux qu'ils ne ressemblent aux autres, et qui peuvent se perpétuer par la génération.*** Cette définition a été généralement admise, et c'est elle que nous allons d'abord réfuter.

Cette définition repose, on le voit, sur deux idées distinctes, dont la première a pour fondement la ressemblance physique, et la seconde le croisement fertile. Selon nous, la première épreuve est de trop et doit être retranchée ; il nous sera facile, en effet, de démontrer que la ressemblance physique est, pour caractériser l'espèce, seule, insuffisante, avec le reste inutile.

Elle est insuffisante à elle seule. En effet, réunir les animaux qui se ressemblent plus entre eux qu'aux autres, est un moyen de classification qui ne peut s'arrêter qu'à l'individu; car, jusques entre les deux derniers termes on trouvera des différences autorisant à dire qu'un individu se ressemble plus à lui-même qu'il ne ressemble à tous les autres. Tous les vertébrés se ressemblent plus entre eux qu'ils ne ressemblent aux articulés et aux mollusco-radiaires; ils constituent cependant un embranchement et non pas une espèce. Tous les mammifères se ressemblent plus entre eux qu'aux autres animaux, et toutefois encore ils forment une classe et non pas une espèce. Quand nous serons arrivés à l'espèce elle-même, serons-nous autorisés à nous arrêter ? Non, certes ; car la définition nous offrira toujours la même insuffisance : dans l'espèce homme, tous les blancs se ressemblent plus entre eux qu'à tous les autres êtres ; donc, l'espèce devrait se contenter de les comprendre ; et, si vous l'accordez, parmi les blancs, tous les Européens se ressemblent plus entre eux qu'à tous les autres ; donc, c'est jusqu'ici qu'il faut ramener la limite de l'espèce. Quand l'espèce ne contiendra plus que deux êtres, l'un aura les cheveux blonds, et l'autre bruns, ou quelque autre trait de différence analogue, et il faudra bien les séparer encore en espèces distinctes, pour n'admettre avec Lamarck, Dugès [1] et quelques autres, que des individus. Et qu'on ne dise pas que nous donnons ici de l'importance à des distinctions insignifiantes, et qu'il est une limite où la différence des êtres n'autorise plus à les séparer ; car, pour établir cette limite, il faudrait la créer arbitrairement, les caractères spécifiques ne pouvant être définis avant d'avoir défini l'espèce.

La récente théorie des générations alternantes vient donner un puissant appui à notre opinion. Comment peut-on grouper en espèces, sur le seul caractère de leur ressemblance, les êtres qui présentent ce mode bizarre de reproduction, quand certains individus engendrent des produits qui leur sont si dissemblables ? Pour être conséquent avec le principe que nous discutons, il faudrait évidemment ici classer le fils et le père dans des espèces différentes [2].

Ainsi, les caractères tirés de la ressemblance physique sont insuffi-

[1] Dugès ; *Traité de physiologie comparée de l'homme et des animaux*, 1858, tom. XI, pag. 13.

[2] Nous sommes heureux de trouver la confirmation complète de notre manière de voir, dans un ouvrage de M. le professeur Gervais, que nous avons reçu pendant l'impression du nôtre. (Voyez P. Gervais ; *De la métamorphose des organes et des générations alternantes*, etc., pag. 62, 1860.)

sants à eux seuls pour établir les espèces; voyons-les fonctionner avec la seconde partie de la définition.

L'espèce, il faut le rappeler, est alors ainsi conçue : ***l'ensemble des animaux qui se ressemblent plus entre eux qu'aux autres et qui peuvent se perpétuer par génération.*** Nous voulons montrer que le premier membre de phrase est inutile.

L'idée qui le caractérise ne peut servir, en effet, qu'à étendre ou qu'à restreindre le groupe d'êtres établi par la seconde.

Peut-il servir à l'étendre ; peut-il contribuer à augmenter le nombre des êtres qui devraient, sans lui, faire partie de l'espèce? Non, certes; car, s'il se trouvait deux groupes d'animaux qui, tout en se ressemblant plus entre eux qu'aux autres, ne pussent cependant se perpétuer par génération, aucun naturaliste, à coup sûr, ne les rapprocherait.

Alors, pour être utile, ce membre de phrase doit servir à restreindre la définition, à écarter certains êtres qui, sans lui, feraient partie de l'espèce.

Il devra donc, dans l'organisation de notre cadre, faire refuser tous ceux qui, pouvant se perpétuer avec les individus premièrement admis, en différeront plus cependant par leur conformation, que ces mêmes individus ne diffèrent entre eux. Il est facile de montrer que si cette loi était mise en vigueur, la création de l'espèce serait impossible; car jamais un individu ne pourrait se rencontrer pour le joindre à un autre qui lui ressemblât autant que lui-même à lui-même. Et, de même que l'espèce ne pourrait se constituer, de même toute espèce déjà composée ne pourrait résister à l'application de cette loi ; car, dans une espèce, il y a toujours des races dont les individus se ressemblent plus entre eux qu'ils ne ressemblent aux autres, et il faudrait désagréger les races; et dans les races on pourra faire, indéfiniment jusqu'à l'individu, des cadres d'êtres se ressemblant plus entre eux qu'aux autres, et qui, par conséquent, bien qu'ils se perpétuent en se croisant, devront être distingués en espèces différentes.

Ainsi, la première idée de la définition ne peut servir non plus à restreindre la seconde.

Convenons cependant qu'on peut supposer un cas où cette restriction serait applicable, et discutons-en la valeur.

Imaginez un individu qui, pouvant se perpétuer avec les animaux d'une espèce distincte, ressemble cependant davantage à un autre groupe rejeté hors de cette espèce par le défaut de génération commune ; il est évident que la définition l'atteindrait pour l'exclure, sans rendre, comme d'abord, l'établissement de l'espèce impossible.

Mais réfléchissons maintenant sur le sens et la portée de cette supposition.

L'être éliminé ne doit pas se perpétuer avec les animaux du groupe dont, par l'organisation, il se rapproche davantage ; car alors il ferait partie de cette autre espèce, et cette espèce cesserait d'être distincte de la première, ce qui rendrait notre supposition impossible ; il faut donc que l'être en question, pour être éloigné de l'espèce primitive, ressemble plus à des animaux d'une autre espèce avec laquelle il ne se perpétue pas, qu'à ceux de la première avec laquelle il se perpétue. Y a-t-il des animaux qui ressemblent plus à une espèce avec laquelle ils ne peuvent se perpétuer, qu'à celle avec laquelle ils se perpétuent? *A priori*, la chose paraît assez bizarre ; mais les jugements par déduction étant téméraires, il faut le reconnaître, dans les sciences expérimentales, gardons-les pour plus tard, et voyons d'abord ce qui a lieu dans la pratique.

Le cas exceptionnel que nous venons d'inventer pour combattre jusque dans ses moindres prétentions la définition que nous avons prise à parti, ce cas exceptionnel s'est-il jamais présenté? Les espèces séparées par les naturalistes, malgré la relation qu'établit entre elles la possibilité d'un croisement fertile, sont-elles séparées réellement parce qu'elles concordent avec la supposition précédemment énoncée, parce que, en effet, l'une d'elles ressemble davantage à une espèce avec laquelle son croisement est impossible, qu'à l'autre avec laquelle il est fertile? Nous nous croyons en droit de le nier formellement.

Sauf quelques rares exceptions, ce sont toujours des espèces de même genre qui se croisent pour donner naissance à des hybrides féconds, et alors, en général, toutes les espèces du genre ont le même privilége.

Quand ces deux conditions sont remplies, il est bien évident que ces espèces, qui donnent des croisements fertiles, se ressemblent plus entre elles qu'à aucune autre. Or, nous le répétons, c'est le cas général; ainsi, dans le genre *equus*, toutes les espèces se croisent; de même, dans le genre bœuf, le genre mouton, le genre *canis*, etc. Voilà donc tout autant de groupes divisés en espèces distinctes, sans qu'aucune loi justifie cette séparation arbitraire [1].

Mais y a-t-il des genres où, toutes les espèces ne se croisant pas, celles qui se croisent diffèrent plus entre elles qu'avec les autres, qui leur restent étrangères? Il existe, il est vrai, des genres où quelques espèces se croisent et où toutes les espèces n'ont pas été croisées; mais, outre que l'analogie permet de supposer le croisement possible, rien ne démontre qu'il ne l'est pas. Or, cette démonstration est indispensable pour que nous puissions admettre l'existence d'un cas où la restriction établie plus haut dans la définition de l'espèce soit réellement applicable.

Nous ferons la même observation pour les cas infiniment plus rares où l'espèce qui se croise fait partie d'un genre différent; car alors ce genre est très-voisin du premier, appartient à la même tribu, et ce que nous venons d'observer pour un groupe plus restreint s'applique parfaitement à un groupe un peu plus étendu; d'ailleurs, nous croyons qu'on ne pourrait, dans ces limites, citer aucun exemple de produit

[1] Voyez Gervais; *Histoire naturelle des mammifères*, tom. II, pag. 153.

fécond, et la fertilité du croisement est, on le sait, exigée par la définition [1].

Ainsi, en pratique, notre supposition n'a aucune raison d'être. *A priori,* on peut la nier également : c'est ce que nous allons essayer de démontrer.

Il ressort des faits acquis à la science, que la disproportion entre deux animaux devient trop grande, quand ils cessent de faire partie du même genre ou seulement de la même tribu, pour qu'on puisse, en dehors de ces limites, espérer obtenir par le croisement un produit même infécond. Le jumart, hybride du bœuf et du cheval, n'est plus aujourd'hui pour tout le monde qu'une fable sans fondement. Pour plus de latitude, renfermons dans l'enceinte de la famille les chances de résultat offertes par de semblables alliances, et nous aurons posé une règle que personne, à coup sûr, ne regardera comme trop exclusive. Ce sera donc dans les limites de la famille qu'il faudra maintenir les termes de la comparaison.

Mais, avant d'aller plus loin, nous voulons établir la vérité de deux propositions sur lesquelles notre raisonnement a besoin de s'appuyer.

La première est une loi posée par un grand maître, et que nous avons déjà citée ; elle veut que l'affinité s'établisse entre les espèces, non pas en comptant, mais en pesant les traits de ressemblance.

La seconde, que l'on ne contestera pas davantage, c'est que, dans la classification par comparaison des êtres, la physiologie est d'aussi bon aloi que l'anatomie. En fait, la première est admise. Ainsi, pour citer quelques exemples entre mille, la viviparité, l'ovoparité, l'ovoviviparité servent de bases importantes à la formation des classes;

[1] Nous prévenons que, dans le cours de ce travail, pour rendre la discussion plus facile, nous entendrons par ces mots : *croisement fertile, propriété de se perpétuer par la génération*, etc., la faculté accordée aux animaux de produire par leur alliance des rejetons féconds eux-mêmes et destinés à continuer leur race.

le phénomène physiologique de la rumination concourt à distinguer l'ordre des bisulques en ruminants et porcins, et c'est à des caractères de même nature que fait appel M. le professeur Gervais[1] pour séparer de nouveau les reptiles écailleux des reptiles nus.

Ces deux points établis, nous croyons que plus on examinera les différences qui séparent les espèces d'un même genre ou d'une même famille, plus on sera porté à reconnaître avec nous qu'entre espèces de même genre ou de même famille, il ne peut y avoir de ressemblance supérieure à celle impliquée par la possibilité d'une alliance fertile. En d'autres termes, la conformité fonctionnelle révélée par les résultats de cette alliance, conformité qui entraîne de toute force une analogie vitale ou plus probablement organique, est un trait de ressemblance plus important que toux ceux établis entre espèces d'un même genre, ou tout aussi bien d'une même famille.

Le rapport basé sur les organes si multipliés d'une des principales fonctions, organes qui entretiennent des relations si intimes avec la plupart des autres, et qui servent, dans les classifications, à établir les groupes les plus généraux, ce rapport serait-il inférieur à un détail presque insignifiant de conformation, tel que la longueur d'une jambe, la forme d'une narine, la soudure de deux phalanges, ou autres semblables.

Et si l'on cède à l'évidence pour admettre la supériorité du caractère fondé sur la génération, n'est-il pas vrai dès-lors que, dans une même famille, toutes les espèces rapprochées par ce trait commun doivent se ressembler plus entre elles qu'elles ne ressemblent à toutes les autres.

Voici maintenant une autre preuve à l'appui de la même idée.

L'expérience a démontré que les hybrides tiennent le milieu entre les deux espèces souches, et que les croisements successifs des es-

[1] Gervais et Van Beneden; *Zoologie médicale*, tom. I, pag. 138.

pèces souches avec leurs hybrides donnent encore des produits intermédiaires, de façon que ces produits retournent à l'un ou l'autre des types primitifs.

La conséquence d'un pareil état de choses est que deux espèces qui ont le pouvoir, en se croisant, d'engendrer des individus féconds, ont également celui de diminuer indéfiniment sur une série d'êtres intercalés, la différence organique qui les sépare, et de combler ainsi, par des chaînons de plus en plus rapprochés, la distance qui existait d'abord entre elles.

Faisons usage de cette prérogative en faveur de deux groupes d'êtres que nous ne pourrions réunir en une seule espèce, malgré la fertilité de leur croisement, parce que, selon notre supposition, l'un de ces groupes aurait, avec un troisième, un rapport d'organisation plus intime. Nous créerons entre ces deux termes une série d'êtres intermédiaires, dont la différence, susceptible d'être indéfiniment amoindrie, pourra être rendue plus petite que toute quantité donnée, et par conséquent plus petite que celle existant déjà entre l'un de ces termes et le troisième, et dont précisément l'infériorité relative était un obstacle à nos projets. Ainsi, nous obtiendrons un ensemble d'êtres qui se ressembleront plus entre eux que tous les autres, et, par cette combinaison, nos deux groupes séparés tout à l'heure feront maintenant partie de la même espèce. Est-il juste de les séparer parce que l'intermédiaire, quoique possible et capable d'apparaître à volonté, n'existerait pas pour le moment, et serait-il logique d'établir une règle absolue sur une base aussi variable?

A priori, comme en pratique, notre supposition n'avait donc aucune raison d'être, et le cas que nous avions imaginé pour voir si, dans une position même exceptionnelle, la première idée de la définition combattue pourrait servir à restreindre le groupe d'êtres réunis en espèce par la seconde, a été démontré complètement impossible.

Il reste donc prouvé, ce nous semble, que la première idée de cette définition ne peut servir à restreindre la seconde.

Ainsi, nous avons le droit de conclure que ce premier membre de phrase, ne pouvant servir ni à étendre ni à restreindre l'espèce, doit être retranché de la définition pour cause d'inutilité.

La définition de Buffon doit donc revenir a celle-ci : *L'espèce est l'ensemble des animaux qui peuvent se perpétuer entre eux.*

Au reste, c'était bien là réellement le fond de sa pensée, comme il le fait entendre dans son immortel ouvrage [1]; et si nous l'avons si vivement attaqué sur la forme qu'il lui a donnée, ce n'est pas pour combattre ses opinions, auxquelles nous voudrions voir revenir, mais bien celles des naturalistes qui, plus tard, ont pris sa définition à la lettre.

Mais avant d'en venir à ces derniers, et pour suivre pas à pas la marche philosophique de la science, voyons d'abord quels furent les effets et les modes d'application de cette définition de l'espèce, réduite, bien entendu, à sa juste valeur.

Les naturalistes, tout en se soumettant au critérium de l'espèce fondé sur la génération, ne purent trouver en lui une méthode applicable à tous les cas. Pour les animaux qui vivent sous nos yeux, elle n'offrait aucune difficulté; mais les animaux rares, les animaux étrangers à nos climats, pouvaient plus difficilement être soumis à l'épreuve qu'elle exigeait. Force fut alors d'inventer une nouvelle mesure, qui offrît moins d'inconvénients, qui fût d'une application plus générale; et cette mesure, on la trouva dans les caractères spécifiques.

Qu'est-ce donc que les caractères spécifiques? Ce sont, n'est-ce pas, les caractères propres à l'espèce, les traits de ressemblance au-delà desquels le groupe ainsi nommé cesse d'être, en-deçà desquels il reste indivisible; c'est le degré précis d'analogie exigible entre deux

[1] Buffon; *Matière générale.*

êtres pour qu'ils aient le droit de porter ce titre de parenté. Nous avons vu dans notre premier chapitre que, par des distinctions de moins en moins générales, on classait les êtres en groupes descendants de plus en plus intimes, et qu'on pouvait aller ainsi depuis le règne organisé tout entier jusqu'à l'individu ; le caractère spécifique indiquera quand la différence est trop grande pour décider qu'un groupe est l'espèce, quand elle est trop peu importante pour ne pas s'arrêter à celui qu'on vient d'obtenir.

Or, sur quoi pourra-t-on se baser pour décréter qu'un rapport entre deux êtres sera spécifique ou non?

Afin de tourner la difficulté que soulève l'établissement de l'espèce, les uns voudraient l'établir *à priori;* mais rien ne peut les autoriser à poser ainsi des règles arbitraires. Pourquoi le rapport qui consiste à avoir un squelette à vertèbres, un système nerveux encéphalo-rachidien, un ombilic inférieur, n'est-il pas spécifique ? Pourquoi pas celui qui repose sur la présence ou l'analogie du placenta, sur la nature et le nombre des dents, sur la disposition des membres, des doigts, des organes génitaux ? Pourquoi tous ces rapports seront-ils trop généraux pour s'arrêter aux groupes qu'ils établissent ; et pourquoi justement la forme extérieure, la couleur de la peau ou des plumes, la direction des yeux, etc., seront-ils trop peu importants pour diviser encore ces groupes ? En vertu de quoi nous dira-t-on : C'est à ce degré qu'il faut s'arrêter, ce n'est ni plus haut ni plus bas ?

Ainsi, de toute évidence, les caractères spécifiques ne peuvent s'établir *à priori* ; ils ne peuvent être et ne sont, en effet, que le résultat d'un raisonnement, et ce raisonnement, le seul qui puisse leur donner une base rationnelle, le voici :

Quand, après avoir formé un nombre considérable d'espèces, fondé tout entier sur le caractère de la génération, notre esprit s'est appliqué à considérer séparément chacun de ces groupes, il a reconnu dans les êtres qui les composaient des rapports et des différences ; puis, comparant dans toutes les espèces connues, les analogies des êtres qui les constituaient, il a pu créer la notion généralisée du degré de rapport nécessaire, du degré de différence autorisé pour constituer une espèce, et a conçu ainsi l'idée du caractère spécifique ; ce travail, qui a dû commencer avec les premiers efforts de l'homme pour s'approprier les forces de la nature, rend assez ancienne l'idée du caractère spécifique, pour que certains auteurs aient pu la croire innée et vouloir l'établir *à priori*. Mais telle, on le voit, n'est pas son origine.

Or, ce que l'homme pris en masse a fait presque sans en avoir conscience, le naturaliste, appliquant plus spécialement son attention aux êtres organisés, l'a refait avec plus d'étude, de précision et d'autorité. Sur la notion des espèces connues, sur la comparaison des rapports offerts par les individus qui les composent, il s'est exercé à apprécier l'importance relative de tel ou tel caractère, de tel ou tel organe ; il a noté ce qui pouvait différer sans chasser un individu de l'espèce, ce qui pouvait se ressembler sans l'y faire entrer ; en un mot, il a établi par une généralisation plus savante le caractère spécifique, la pierre de touche pour la composition de nouvelles espèces.

Le résultat d'une pareille induction, il faut l'établir tout de suite, était probable sans doute, mais non pas absolument certain, et voici pourquoi : Si l'on avait possédé un nombre de faits parmi lesquels on eût été sûr d'avoir embrassé tous les rapports possibles et toutes les variations que ces rapports pouvaient éprouver, cet ensemble de faits eût été suffisant sans doute pour que la loi basée sur eux embrassât toutes les inconnues. Mais cette certitude, qu'on ne pouvait avoir, était nécessaire pour entraîner la certitude du résultat. Tant que le nombre des faits acquis n'était que plus ou moins considérable, plus ou moins varié, on n'avait que des chances plus ou moins grandes d'avoir embrassé tous les termes extrêmes de la comparaison, et l'on n'obtenait qu'un résultat plus ou moins probable. C'est la condition absolue de toute induction rigoureuse de reposer, soit sur l'ensemble des faits, soit sur un groupe de faits comprenant d'une manière certaine toutes les modifications possibles de la cause à généraliser.

Ainsi, la notion des caractères spécifiques était probable et non certaine, et ses résultats pratiques pour la création des espèces devaient porter nécessairement cette tache originelle.

Mais, faute de meilleure ressource, il fallait bien l'admettre, et ainsi furent créées une foule d'espèces dans lesquelles on ne put vérifier ou du moins on ne vérifia pas la possibilité d'un croisement fertile.

Longtemps la loi put paraître bonne, mais il vint un moment où des espèces séparées par ces prétendus caractères spécifiques donnèrent entre elles des produits féconds ; ou bien, ce qui revient au même, où leurs produits déjà connus, mais réputés stériles, furent relevés de cette fausse imputation.

L'embarras fut alors extrême : les uns, s'en rapportant rigoureusement au caractère spécifique érigé en théorie absolue, voulurent séparer quand même des espèces qui se perpétuaient entre elles; d'autres les réunirent à cause de ce caractère, et un schisme se produisit. Ainsi, pour certains naturalistes, tous les chiens sont de la même espèce; d'autres admettent des espèces primitives diverses, et puis encore des espèces secondaires produites par le croisement des premières.

La plupart, et c'est ce que nous regrettons, s'en tinrent à la doctrine du caractère spécifique, et admirent que l'espèce était en général l'ensemble des animaux qui se perpétuent entre eux, mais que, par exception, il y avait des animaux qui, tout en se croisant, n'appartenaient pas à la même espèce ; le second membre de phrase de la définition de Buffon, dont nous avons démontré l'inutilité complète, leur parut prévoir ces cas exceptionnels, et ils l'admirent pour cette raison.

L'habitude fut peut-être pour beaucoup dans leur décision.

Comment déclarer, en effet, que l'âne et le cheval par exemple, de tout temps séparés, parce qu'on croyait leurs hybrides inféconds, comment déclarer, en vérifiant le contraire, qu'ils font partie de la même espèce? Il était difficile d'abandonner des idées si habituelles, qui avaient fait le fond de tous les travaux; d'autant plus que les exceptions n'arrivaient pas en masse pour contredire bruyamment les idées reçues, mais s'introduisaient peu à peu et comme inaperçues dans la science. On admit donc l'exception dans la nature, pour justifier l'erreur des naturalistes.

Mais est-il vrai qu'il y ait ici exception à la règle et qu'on puisse, à bon droit ou non, la croire confirmée par cet étrange contrôle? Non certes; il ne s'agit pas ici d'exception à une loi, il s'agit de faits contraires à une loi, ce qui n'est pas tout à fait la même chose. Dire que l'espèce est l'ensemble des individus qui se reproduisent entre eux (car à cela revient la définition, ainsi que nous l'avons prouvé), et que, par exception, il y a des individus qui, tout en reproduisant entre eux, n'appartiennent pas à la même espèce, c'est comme si l'on disait que le règne organisé est l'ensemble des êtres vivants, et que, par exception, il comprend des êtres qui ne vivent pas.

Il ne s'agit donc pas de découvrir que la règle admise entraîne des exceptions, mais de reconnaître, au contraire, que les caractères spécifiques ont été mal posés. Quand on trouve une espèce qui, fondée sur ces caractères, ne résiste pas cependant à l'épreuve du croisement, il faut convenir aussitôt que la notion de la spécificité doit être régénérée, élargie et rendue propre à embrasser cette nouvelle espèce et d'autres encore présentant la même distance dans les rapports de leurs individus composants. Agir différemment, c'est faire un cercle vicieux.

Ainsi, la formation des espèces par les caractères spécifiques est toute relative, toute provisoire et complétement subordonnée à l'épreuve ultérieure du croisement, qui est le critérium.

Pour bien comprendre la position des naturalistes en présence de ces diverses contradictions, il faut reconnaître qu'il n'y a pas d'autres définitions possibles de l'espèce. N'avons-nous pas montré, dans le cours de cette discussion, qu'en la fondant sur les seuls caractères de ressemblance, on arrivait, sans distinction dans les groupes, jusqu'à l'individu? N'avons-nous pas fait voir qu'admettre *à priori* un degré particulier de conformité physique qui détermine laquelle de ces divisions successives est l'espèce, c'est faire préexister les caractères spécifiques à l'idée de l'espèce, ce qu'une saine logique ne peut autoriser? Enfin, n'avons-nous pas démontré que la réunion de cette méthode de détermination à celle du croisement, ne rendait la définition de l'espèce ni plus vaste ni plus précise? Or, ces ressources récusées, il n'en reste plus aucune pour baser sur elles une nouvelle définition. Toutes se réduisent à ce qu'on pourrait appeler les signes physiques et les signes rationnels; les signes physiques, démontrés insuffisants et inutiles, ne laissent, pour les remplacer, que les signes rationnels, et nous pouvons clore cette longue discussion par ces mots : ***L'espèce n'existe pas, ou bien sa définition est fondée sur la seule faculté de reproduction, épreuve absolue à laquelle est subordonnée celle des caractères spécifiques.***

Pour donner un complément à notre démonstration, il s'agit d'examiner maintenant les embarras que soulève et les conséquences auxquelles donne lieu, dans la science, l'opinion des naturalistes sur la question de l'espèce.

Nous avons montré que la majorité adhérait à la définition de Buffon, prise dans son sens littéral et agrandie par la doctrine des caractères spécifiques, et qu'ils arrivaient ainsi, par une étrange pétition de principes, à admettre des espèces distinctes qui peuvent cependant donner entre elles des produits féconds.

Le premier résultat de ce système est de jeter dans la science un trouble profond et dont la solution est impossible. J'en cite un seul exemple : La majorité des naturalistes regarde les hommes comme constituant une seule espèce, et ils sont appuyés par l'assentiment général de l'humanité, qui instinctivement aime à se considérer comme une immense mais unique famille. Cette conviction instinctive est fondée sur le lien établi par la faculté de reproduction. Mais, se basant sur les caractères spécifiques, des naturalistes conséquents viennent à demander s'il est vrai que les races humaines soient réellement des races et non des espèces distinctes d'un même genre? Nul, il faut le reconnaître, ne peut leur répondre avec autorité ; il faudrait en effet, pour les convaincre d'erreur, démontrer que les différences qui les séparent sont moindres que dans tous les autres genres, sans quoi il faut bien les laisser ériger en différences spécifiques. Or, on n'arrivera pas à prouver que la distance entre l'Orang-outang et le Chimpanzé par exemple, ces deux animaux confondus par Buffon, soit plus grande qu'entre un Européen et un Nègre ou un Lapon.

Un second résultat à déplorer est le suivant : quand deux espèces distinctes se croisent pour donner naissance à un produit fécond, il y a création d'une espèce intermédiaire qui elle-même est nécessairement distincte des espèces souches ; pour la ranger, en effet, dans l'une ou dans l'autre, il faudrait un jugement arbitraire et qui, dans tous les cas, soulèverait une juste réclamation. Cette multiplication des types, que l'avenir nous promet, autorise à diminuer leur nombre dans le passé et à faire descendre beaucoup d'espèces actuelles d'une espèce unique, idée en opposition avec celle de la permanence des espèces, et que nous aurons à combattre dans notre prochain chapitre. Pour le moment, nous nous contenterons de montrer une conséquence aussi bizarre qu'impossible à admettre de cet état de choses : l'hybride est créé espèce distincte ; le produit de l'hybride avec une des espèces souches rentre dans cette dernière, et la place d'un individu dans une espèce est fatalement indiquée par sa généalogie ; or, il se trouve qu'un animal rangé par ce mode de classification dans un groupe, pourrait avoir beaucoup plus de sang d'un groupe différent; étrange contradiction qui montre le vice de cette méthode.

Prenons pour exemple le cheval et l'âne.

L'âne A et le cheval C donnent en alternant les sexes un mulet M; le sang de ce dernier peut être représenté par la formule $M = \frac{1}{2} A + \frac{1}{2} C$. Croisons maintenant ce mulet avec un cheval, nous aurons par théorie un cheval C′, dont la formule sera $C' = \frac{1}{4} A + \frac{3}{4} C$. Ce cheval croisé avec l'âne A donnera un nouveau mulet M′ dont la formule cette fois sera représentée par $M' = \frac{5}{8} A + \frac{3}{8} C$. Le mulet ainsi obtenu, croisé avec le cheval primitif C, donnera un nouveau cheval théorique C″ dont la formule sera devenue $C'' = \frac{7}{16} A + \frac{9}{16} C$. Le nouveau cheval C″, accouplé avec un âne, donnera un mulet M″ ainsi composé $M'' = \frac{23}{32} A + \frac{9}{32} C$. Et enfin, ce mulet croisé avec le cheval C donnera un dernier cheval théorique dont la formule sera $C''' = \frac{37}{64} A + \frac{27}{64} C$, et qui par conséquent aura plus de sang d'âne que de sang de cheval. Tel est l'absurde résultat où conduit la séparation arbitraire des espèces qui se croisent entre elles [1].

Enfin, pour terminer cette énumération de griefs contre la méthode actuelle, énumération qui serait indéfinie, citons une conséquence tout aussi extraordinaire des idées actuellement en vigueur; aussi bien ne pouvons-nous quitter ce sujet sans dire un mot de l'ouvrage de M. Darwin, qui a paru tout dernièrement et a fait un certain bruit dans la science.

M. Darwin, un des premiers naturalistes de l'Angleterre, n'admet que des individus, et nous avons vu que c'était la seule théorie possible en dehors de notre définition. Il fait donc tout simplement repo-

[1] Nous devons observer ici que, si l'on ne classait l'hybride de la mule et du cheval dans l'espèce cheval qu'après plusieurs générations, le résultat serait plus lent à obtenir, mais ne cesserait jamais d'être le même. S'il fallait six générations, par exemple, il faudrait six fois plus de croisement.

ser l'espèce sur une certaine somme de ressemblance commune à un groupe déterminé d'animaux. Après avoir très-bien apprécié les modifications introduites dans les races domestiques en Angleterre, par l'*artificial selection*, qui consiste à choisir successivement pour étalons les animaux présentant au plus haut degré la conformation que l'on veut exagérer, il s'applique avec beaucoup d'art à montrer dans les opérations de la nature, un choix semblable auquel il prête des résultats analogues, et qu'il appelle *natural selection*. Or, d'une manière générale, la *selection*, qui modifie les animaux sous nos yeux assez pour créer des races distinctes, nous permet d'espérer que lorsque ces modifications seront, avec le temps, devenues plus profondes, ces races constitueront des espèces; et, de même qu'une espèce actuelle est destinée à être l'aïeule de plusieurs espèces futures, de même plusieurs espèces actuelles peuvent avoir eu dans les mystères des temps passés une espèce unique pour aïeule. Un couple seul peut être l'origine de ce qu'on distingue aujourd'hui sous les noms d'homme et de singe, et ce sont des circonstances extérieures qui auront modifié ces produits successifs, pour en arriver à ces deux résultats divergents. Mais pourquoi s'arrêter en si beau chemin, pourquoi ne donner à l'homme qu'un aïeul commun avec les espèces voisines, pourquoi pas avec tous les animaux, pourquoi pas avec tous les êtres? C'était si naturel, que M. Darwin n'a pas hésité à le faire, et nous n'avons qu'à l'écouter pour entendre dire que le chêne, l'insecte et l'homme sont tous frères par l'origine [1]. La définition absolue

[1] Voici les propres expressions de l'auteur: « Je crois que tous les animaux descendent au plus de quatre ou cinq ancêtres, toutes les plantes d'un nombre d'ancêtres égal ou encore moindre. L'analogie pourrait me faire faire un pas de plus et m'amener à croire que tous les animaux et toutes les plantes descendent d'un prototype unique; mais l'analogie peut être un guide trompeur. Néanmoins, il est certain que tous les êtres vivants ont beaucoup de caractères en commun: la composition chimique,

de l'espèce par les caractères de génération, réfute les opinions du naturaliste anglais.

Nous arrêtons ici nos arguments ; nous espérons en avoir assez dit pour établir que l'idée de l'espèce, telle qu'elle est admise par la plupart des naturalistes modernes, n'est ni précise, ni exacte, ni même possible, et qu'il n'y a pas d'espèce, à moins de la définir : ***l'ensemble des animaux qui peuvent produire entre eux des individus féconds.***

Ainsi comprise, l'espèce existe en réalité, selon nous ; c'est ce qu'il nous reste à démontrer dans notre dernier chapitre.

la structure cellulaire, les lois de la croissance et de la reproduction. L'analogie nous conduit donc à inférer que tous les êtres organisés qui ont vécu sur cette terre, descendent probablement d'une forme unique primordiale, où, pour la première fois, est entré le souffle de la vie. » (Ch. Darwin ; *On the origin of species*, 1859.)

CHAPITRE III

L'espèce ainsi définie : **l'ensemble des êtres qui se perpétuent par la génération**, existe réellement.

L'espèce n'est possible qu'en la définissant d'une manière absolue: *l'ensemble des êtres qui se perpétuent par la génération.* C'est là ce qu'ont voulu démontrer les lignes précédentes. Il reste maintenant, pour compléter ce travail, à faire voir que, dans cette acception, l'espèce existe réellement.

Les animaux peuvent être réunis en groupes qui se perpétuent par la génération. C'est une classification qui n'a pas besoin d'être démontrée, puisqu'elle dépend de notre volonté seule; mais nous reconnaissons que notre tâche ne se borne pas à constater l'existence de ces groupes; nous nous sommes engagés à faire voir qu'ainsi formés, ils sont essentiellement naturels, dans le sens que nous attachons à ce mot, et supérieurs, à ce titre, aux groupes également possibles qui reposent sur la seule ressemblance organique.

Nous pourrions invoquer ici cette conscience intime des masses à laquelle on fait appel pour bien d'autres démonstrations importantes; nous pourrions montrer comme innée dans l'esprit de tous les hommes cette idée dont nous cherchons la preuve, et en appeler aux efforts que font les naturalistes eux-mêmes pour concilier avec elle leurs définitions diverses.

N'est-il pas vrai que le spectacle de la nature nous a pénétrés du sentiment instinctif des différences spécifiques, et que nous trouvons aux individus d'une même espèce un caractère de parenté supérieur à celui qu'a le droit d'inspirer une ressemblance organique?

Si leur relation n'était établie que sur des différences de conformation, l'intimité de cette relation devrait être en proportion directe de ces différences, et le nègre, par exemple, qui n'est certainement pas deux fois plus près du blanc que du singe, par la structure de ses organes, devrait conserver le même rapport de parenté avec eux. Mais ce n'est pas ainsi que nous les rapprochons : dès l'instant que deux êtres font partie de la même espèce, ils nous paraissent unis par des liens plus étroits, plus intimes que tous ceux établis par la conformité d'aspect. Arrivés à ce groupe, les différences qui continuent à diviser indéfiniment les êtres en classes de plus en plus spéciales, perdent tout d'un coup presque toute leur signification à nos yeux. Classés dans des embranchements, des ordres différents, les êtres, en se rapprochant, restaient toujours aussi étrangers les uns aux autres; divisés en races, en variétés, ils ne cesseront jamais de nous paraître frères. Cette idée de spécificité dont l'analogie physique n'est par conséquent pas l'origine, sur quoi reposerait-elle, si ce n'est sur le caractère de la génération commune? Il se passe là ce dont on retrouve plus près de nous un exemple bien significatif : deux frères qui ne se ressemblent pas seront toujours bien plus parents que deux étrangers qui se ressemblent.

Laissant de côté cet instinct général, trop vague pour servir d'autorité, adressons-nous à des preuves plus sérieuses et plus convaincantes; l'idée de l'espèce, en effet, est non-seulement dans notre esprit, elle est dans le plan et fut dans les projets de la force créatrice.

Il est permis de supposer que ce groupe d'animaux dont le croisement est possible et fertile, de même qu'ils peuvent mélanger leurs produits, ont pu confondre leur origine. Qu'ils descendent ou non d'un couple unique, ils peuvent en descendre, et cette supposition, parfaitement admissible pour tous les animaux de la même espèce, est totalement inacceptable pour ceux qui n'en font pas partie. Voilà donc un caractère particulier pour limiter parfaitement notre groupe de l'espèce, pour donner le signalement précis et absolu des êtres qui doivent la constituer : tous les animaux qui descendent d'un couple unique, ou du moins qui, par la fertilité de leur croisement, peuvent être supposés en descendre, constituent un ensemble distinct d'êtres à consanguinité réelle ou virtuelle. Il s'agit de prouver que cet ensemble est *naturel*, qu'il est l'effet prémédité de la force créatrice.

Si, comme c'est probable, chacune des espèces ainsi distinguées eut un couple unique pour origine, les intentions évidentes de la nature ne sauraient être méconnues.

Si, au contraire, la force qui dut présider à la création, multipliant inutilement ses actes, forma pour chaque espèce plusieurs groupes parallèles, son plan, pour être plus mystérieux, n'en est pas moins reconnaissable; car ces couples, auxquels fut limitée la faculté de se croiser entre eux, de façon que leurs nombreux descendants ne pussent éviter plus tard de se confondre, comme s'ils avaient eu une commune origine; ces couples ne reçurent cette permission exceptionnelle qu'en vertu d'un don librement octroyé.

Peut-on retourner contre cette manière de voir l'objection que nous adressions nous-mêmes aux classifications dites naturelles? Peut-on nous accuser ici de réunir après coup en un groupe artificiel tous les animaux dont la conformation organique ou vitale s'est trouvée, après la création des êtres, avoir une analogie suffisante pour rendre possible la fécondation croisée? Nous sommes prêts à montrer la différence qui existe entre les deux raisonnements; elle se fonde sur l'intelligence reconnue de la force créatrice.

Si la conformité des organes, qui, constatée après coup, nous porte à réunir les êtres en un seul groupe, peut être invoquée pour prêter un but à la nature, c'est uniquement lorsque son utilité ou son danger, nécessairement prévu par elle, a dû influencer ses décisions. Or, dans les classifications dites naturelles, l'utilité ou le danger des ressemblances constatées entre les êtres sont également inconnues; mais, dans le groupe que nous formons ici, le but fondé sur l'avantage à recueillir, sur le danger à éviter, n'est certainement pas méconnaissable.

Il y eut, en effet, dans les plans de la force créatrice conformité organique ou vitale entre ces couples primitifs, en vue de l'effet réellement obtenu, la reproduction.

Il y eut défaut de conformité semblable entre cet ensemble d'êtres et les autres, en vue d'empêcher le déplorable mélange qui eût existé dans la nature, mélange qui aurait, en détruisant les types, annihilé l'œuvre de cette force et ramené le chaos. Sans cette règle, trop sage pour ne pas prêter à la nature l'intention de l'établir, il y aurait eu création d'espèces, de types distincts, en dehors de son influence et de ses prévisions; et la création d'espèces indéfiniment nouvelles eût été livrée au caprice des instincts animaux, aux vues arbitraires des intérêts humains.

Il suffit de jeter les yeux sur les détails organiques des êtres vivants, pour se convaincre encore mieux de cette vérité. Les soins que la nature a pris pour empêcher ce mélange sont si nombreux et toujours si bien adaptés au but qu'il fallait atteindre, qu'on ne peut certainement pas lui enlever le mérite de l'avoir poursuivi.

Quand une conformation spéciale des organes externes a pu empêcher ces liaisons adultères, c'est elle qui lui a servi à les prévenir, comme on le voit si bien chez les insectes; mais lorsque la liaison des sexes devait être inutile pour la génération; lorsque, comme cela se passe dans le sein des ondes, le mâle devait directement féconder, par l'affusion de sa laite, les œufs pondus par la femelle, c'est aux propriétés mêmes des diverses semences que la nature prévoyante a dû confier la conservation des espèces; aussi le sperme des brochets, par exemple, ne fécondera-t-il jamais les œufs de la carpe, et ainsi des autres. Pourrait-on, en voyant un but si habilement atteint, douter que ce but eût jamais existé?

L'espèce absolument fondée sur le seul caractère de la génération, idée dont nous ne réclamons certes pas la priorité et qui fut, heureusement pour notre manière de voir, l'opinion, moins franchement avouée il est vrai, de plusieurs grands maîtres, l'espèce ainsi définie est donc le seul groupe vraiment naturel que nous connaissions. Il ne faut par conséquent pas lui substituer, dans l'échelle de la classification zoologique, le groupe moins naturel et par contre moins important auquel, comme nous l'avons vu, les naturalistes donnent en général la préférence.

Nous ne chercherons pas à établir de lien avec le système qui fonde l'espèce sur les simples caractères de ressemblance ; mais nous voulons tendre la main, avant de finir, à ceux qui considèrent la loi pour laquelle nous plaidons, juste en principe et seulement soumise à quelques exceptions. Avec eux nous nous trouvons d'accord pour la plupart des groupes spécifiques, parce qu'ils ne contestent pas que les animaux qui se reproduisent entre eux ne soient aussi le plus souvent unis par les liens de la ressemblance physique ; mais quand ils rencontrent un individu que leur signalement n'atteint pas, ils le rejettent, donnant plus d'importance à l'analogie d'organisation qu'à la parenté du sang ; nous faisons l'inverse en pareil cas. Ils considèrent comme loi absolue la ressemblance physique, comme conséquence fréquente la faculté du croisement ; pour nous, la faculte du croisement est le caractère spécifique, la ressemblance physique en est la conséquence au moins habituelle.

Si, malgré nos efforts, nous n'avons pu les convaincre qu'ils suivaient, dans leur méthode, un principe vicieux, nous avons encore l'espoir de les ramener aux doctrines des grands maîtres dont nous sommes ici les faibles interprètes, en leur montrant que tous les animaux unis par la génération le sont toujours en réalité par la ressemblance physique.

Dans les cas exceptionnels, où ils contestent l'entière exactitude de cette ressemblance, qu'ils songent aux analogies d'organisation supposée par le rapport préalable de la génération en commun, et ils verront que ce caractère, aussi bien physique que rationnel, dans le sens que nous avons déjà fait porter à ces mots, comble toute distance, surpasse toute analogie contradictoire.

Il nous reste une dernière réflexion à leur soumettre, pour les convaincre de la supériorité qu'ils accordent eux-mêmes involontairement au caractère de la génération, sur celui de la ressemblance.

Quelle différence remarquable et profonde ne sépare-t-elle pas le mâle et la femelle dans la plupart des espèces? Sans parler de ces groupes où les sexes diffèrent tellement par leur conformation générale, par leur grandeur ou leur petitesse relative, que leur rapprochement n'a été fait qu'après vérification accidentelle de leur proche parenté, rapportons-nous aux simples différences extérieures des organes génitaux, différences telles, à coup sûr, que bien souvent deux mâles d'espèce voisine se ressemblent certainement plus entre eux, que chacun d'eux à sa femelle. Or, qui a jamais songé à classer les deux sexes dans des espèces différentes et éloignées; et, si aucun naturaliste n'a proposé de le faire, n'est-ce pas qu'à leurs yeux et sans qu'ils s'en rendent compte, la faculté de reproduction rapproche plus les êtres, que la plus grande différence organique ne les éloigne?

Afin de donner à la pensée qui a présidé à ce travail toute sa netteté, nous allons, aussi brièvement que possible, nous résumer et conclure.

I. Il y a une classification plus naturelle encore que celle décorée de ce nom par les naturalistes; c'est celle qu'on aurait le droit de regarder comme l'expression du plan suivi par la nature,

II. L'espèce fondée uniquement sur le caractère de la génération serait le seul terme connu de cette classification naturelle par excellence.

III. Les groupements postérieurs en genres, ordres, classes et embranchements, ne méritent pas le nom de naturels, dans le sens absolu du mot ; mais à cause de l'importance des caractères sur lesquels ils sont fondés, on peut le leur conserver, pourvu qu'ils se rattachent à la classification dont la base serait l'espèce.

IV. Il n'est pas d'autre définition possible de l'espèce, que celle-ci: *l'ensemble des êtres qui se perpétuent par la génération.*

V. Ainsi définie, l'espèce existe réellement comme groupe naturel par excellence.

VI. Les caractères spécifiques sur lesquels on fait à tort reposer d'une manière absolue la création des espèces, ne sont qu'une méthode sans certitude absolue et dont l'emploi transitoire doit être destiné à suppléer aux difficultés d'application de la seconde. Tirés par induction de l'étude des espèces formées par le critérium de la génération, espèces dont le nombre limité ne nous permet jamais d'admettre qu'il embrasse tous les éléments nécessaires à une induction rigoureuse, les caractères spécifiques sont variables et transitoires, et doivent être modifiés par le progrès de la science, à mesure qu'ils viennent se heurter aux résultats du critérium de la génération. C'est à eux que l'exception peut être opposée, jamais à l'espèce, dont la définition est absolue.

Nous terminons ici les réflexions que nous ont suggérées les théories en vogue sur les classifications et sur l'espèce; notre but, nous le répétons en finissant, n'a pas été de produire une méthode nouvelle, mais seulement de rappeler les naturalistes du jour aux idées que professaient autrefois des hommes de génie.

Nos prétentions ne vont même pas jusqu'à espérer de ramener à leur opinion quelques-uns des dissidents si nombreux du jour; et si les lignes précédentes réussissaient à appeler l'attention sur le problème qu'elles agitent, et décidaient quelque savant à réviser cet important procès, il suffirait à notre ambition d'en avoir montré l'urgence.

www.ingramcontent.com/pod-product-compliance
Ingram Content Group UK Ltd.
Pitfield, Milton Keynes, MK11 3LW, UK
UKHW021040180726
13838UKWH00004B/1912

9 782329 387406